2328. Set arts

DISSERTATION

SUR

LE TRANSPORT

DES EAUX DE VICHY,

AVEC

La maniére de se conduire avec succès dans leur usage.

Par M. Emmanuel Tardy, Conseiller-Medecin du Roy, Intendant des Eaux de Vichy & d'Hauterive.

A MOULINS,

Chez Jean Faure, Imprimeur - Libraire, ruë de Paris.

M. D. CC. LV.

AVEC PERMISSION.

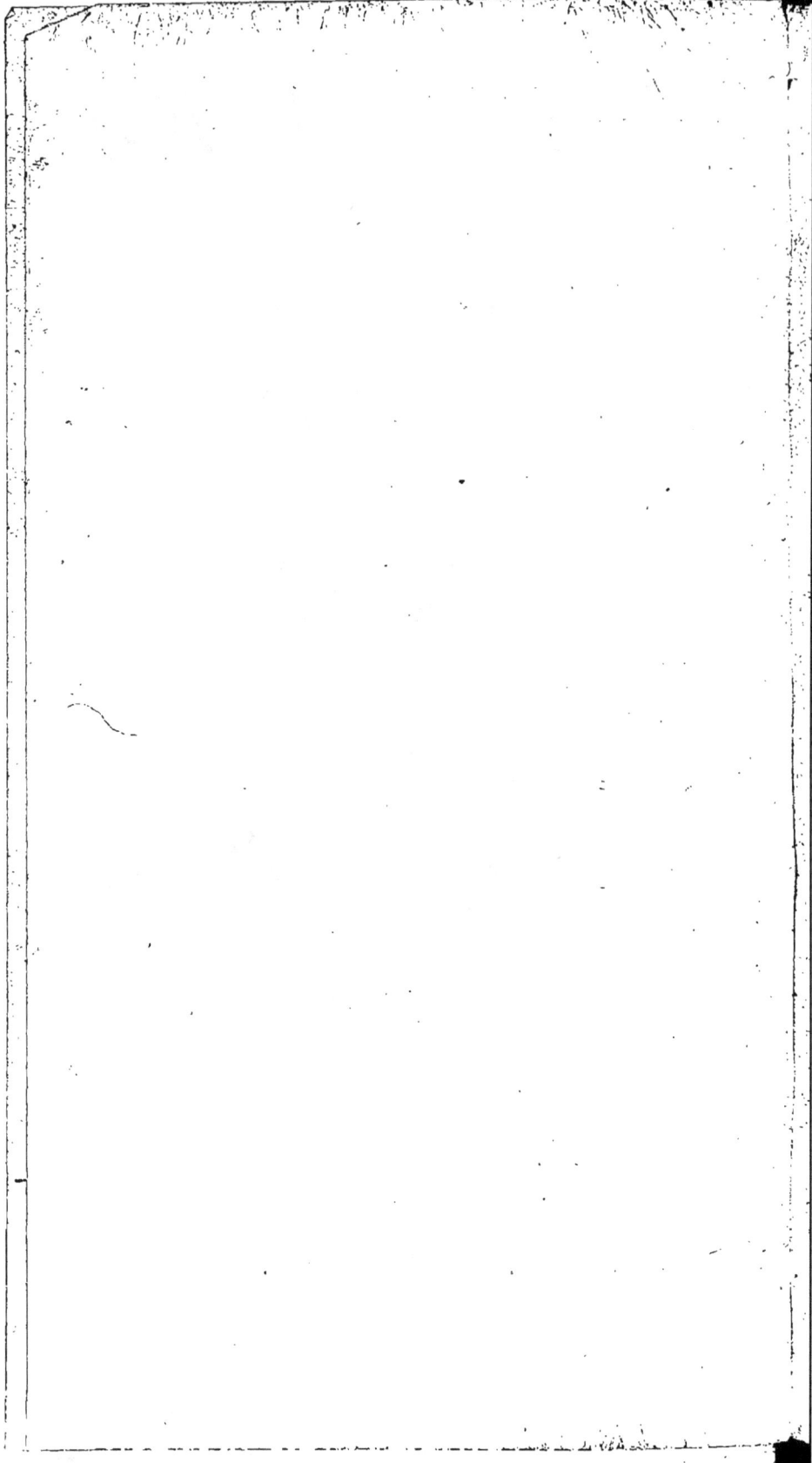

PRÉFACE.

J'AY pensé, qu'en exposant en peu de mots ce qu'il y a de plus essentiel à observer dans la Boisson des Eaux Minérales & Thermales de Vichy, le Public y trouveroit quelque avantage, & c'est le motif qui m'a fait entreprendre cet Ouvrage.

On y verra d'un coup d'œil les maladies, & les tempéramens ausquels elles convien-

PRÉFACE.

nent, les précautions qu'il faut prendre, avant, pendant & après la Boisson, la manière de se conduire en les buvant, & les avantages qu'il y a de les boire à leurs sources, plûtôt que transportées.

Par là chacun pourra à peu de frais, & en peu de momens se mettre à même de boire sans risque les Eaux de Vichy; & c'est dans cette vûë que nous-nous sommes attachés autant qu'il nous a été possible à nous rendre in-

PRÉFACE.

telligibles, & à nous mettre à la portée de tout le monde.

On ne doit donc pas s'attendre à trouver icy un Traitté rempli d'érudition ; elle y seroit à charge ou inutile à la majeure partie des Buveurs, qui ne demandent que d'être guéris , non d'être instruits.

Si quelqu'un veut des connoissances plus étenduës sur la nature du minéral des Eaux de Vichy, il peut consulter les Livres de M^{rs}. Chomel & Foüet, Intendans de ces Eaux, de M^{rs}. Banc

PRÉFACE.

& *Aubry*, célébres Mede-
cins du Collège de Medecine
de Moulins. Tous ces Sça-
vans, & les Physiciens de
l'Académie roïale des Scien-
ces (sur les observations,
& l'Analyse qu'en a faites
Monsieur Duclos) conviennent que le minéral des Eaux
de Vichy est le vrai nître
des Anciens.

Mais il est très-différent
du salpêtre, qu'on nomme
aussi nître; car celui-cy est
presque tout acide, celui-là
tout alkali. Le salpêtre jetté
sur les charbons ardens, ful-

PRÉFACE.

mine, ce que ne fait point l'autre : On tire du salpêtre un esprit acide, & par aucune opération chimique, on n'a jamais demontré le moindre soupçon d'acidité dans les Eaux de Vichy.

Leur Sel est analogue à la baze du sel marin, dépoüillé de son acide ; il est analogue au sel fixe qu'on tire des plantes, par l'incinération & la lessive, sur tout de la soude.

Il y a un nître naturel qui se trouve dans les entrailles de la terre ; il y en a d'artificiel, qui se fait comme le sel marin dans des sillons qu'on apelle nîtriéres. Le Natron d'Egypte, le Borax fossile ou naturel, celui qu'on tire des eaux du Nil en sont des espèces.

Hippocrate se servoit de ce Sel nîtreux pour résoudre les humeurs froides. Galien le regardoit comme fondant, résolutif, détersif, purgatif, hémaguogue. Mathiole & Pline assurent que les Eaux nîtreuses sont salutaires aux Paralitiques, qu'elles rendent les femmes fécondes, qu'elles font propres à guérir les Ecrouelles, la galle, & à purger la Bile.

Ce Sel eft un puiffant Al-kali qui fermente généralement avec tous les acides : il fait précipiter en couleur d'orange meure le mercure fublimé, diffous dans l'eau commune ; il donne une couleur verte au fyrop violat, une couleur bleuë au tourne-fol, rougi par les acides, & ne tire aucune teinture noi-re avec la noix de galle in-

PRÉFACE.

fusée : en un mot c'est un Alkali pur , simple , & à toute épreuve.

Sur ce simple exposé on peut entrevoir la nature & les proprietés des Eaux de Vichy; mon but n'est pas de les démontrer : je veux seulement parler de leur transport , & des moïens de tirer avantage de ce remede.

A raison de la qualité & de la quantité de leur minéral, tout le monde convient qu'elles souffrent le transport, & qu'étant transportées, elles

PRÉFACE.

produifent des effets furpre-
nans. Si elles font fi falutaires au loin, elles doivent
l'être bien davantage, généralement parlant, prifes à
leurs fources, c'eft ce que
j'entreprens premierement de
prouver.

Je donnerai enfuite la maniére de fe conduire en les
prenant, avant de les prendre, & après les avoir prifes. Ce dernier article ne
contribuera pas peu à prouver qu'il eft infiniment plus
avantageux de les venir boi-

PRÉFACE.

re sur les Lieux, puisqu'en étant éloigné, on ignore, ou on ne peut pas profiter de tous les avantages qu'on trouve à Vichy, eû égard aux différentes Sources, & aux différentes maniéres d'en faire usage. Entrons en matiére.

TABLE
DES CHAPITRES.

SECTION PREMIERE.

DISSERTATION

DISSERTATION

SUR LE TRANSPORT

DES EAUX DE VICHY.

SECTION PREMIERE

CHAPITRE I.

Les Eaux de Vichy ne produisent pas, étant transportées, le méme effet qu'étant prises à leur source.

IL n'est pas douteux, & nous en convenons, que les Eaux de Vichy produisent au loin de bons effets. Le grand nombre de personnes

A

qui s'en font bien trouvées, qui les envoyent chercher tous les jours, la grande quantité qui s'en confomme à Paris, & dans les Provinces les plus éloignées, la pratique des Medecins les plus éclairés, qui les prefcrivent à leurs malades, même tranfportées; enfin la nature du minéral, que ces Eaux roulent avec elles, & qui s'y conferve très-long-tems, ne nous permettent pas de douter qu'elles ne foient avantageufes dans quelque lieu qu'on les boive.

Il eft certain que de l'Eftomach & des inteftins, elles paffent dans les veines lactées, & de là dans le fang avec le minéral dont elles font impregnées : Elles y délayent les humeurs, humectent les fibres, rendent les liqueurs plus coulantes, ouvrent les vaisseaux & excitent des vibrations.

Ainsi les humeurs étant délayées, les vaisseaux & les pores étant dilatés , les vibrations étant excitées, la circulation doit se rétablir, les secrétions devenir plus libres & plus régulières: En un mot on doit se mieux trouver.

D'où naissent tous ces bons effets ? du Sel alkali fixe, que charrient nos Eaux, & qui se trouve à Paris comme à Vichy.

Ce Sel étant alkali , à toute épreuve, doit produire tous les phénomènes qu'on attribue

aux Sels de cette nature. Par ſes
molécules, & ſes pointes, il
doit attenuer les globules trop
groſſiers du ſang, les écarter
lorſqu'ils ſont unis trop inti-
mément ; il doit briſer la limphe épaiſſie, & par les douces
ſecouſſes qu'il donne aux fibres, il doit accélérer la circulation lorſqu'elle eſt pareſſeuſe.

Ajoûtons que par ſes parties
aqueuſes, il fournit aux humeurs une véhicule pour les
rendre plus coulantes, & donne la ſoupleſſe aux ſolides pour
entretenir leur reſſort & leurs
fonctions.

Or ce Sel étant fixe, & ſe
conſervant très-long-tems dans
les Eaux de Vichy, on peut en

faire ufage par tout, & en recevoir du foulagement.

Mais doit - on conclure de là qu'elles font auffi falutaires étant tranfportées , qu'elles le font à leur fource ?

La chofe devroit être ainfi , fi toute leur action dépendoit uniquement d'un fel fixe.

Perte du Volatil.

Mais tous les Connoiffeurs conviennent qu'elles en ont un volatil : c'eft lui qui frappe l'odorat des Buveurs ; c'eft lui qui étant porté au loin avec les vappeurs , attire de deux & trois lieuës les bœufs & les vaches, qui traverfent la riviere d'Allier , fans goutter de fon eau , & courent se gorger à l'écoulement de nos Fontaines.

Ce Sel se sublime au haut des murs des Bains & des Bâtimens du Roy; preuve de sa volatilité.

Ce Sel volatil est de plus sulphureux , il s'élance hors de sa source , & on le voit dans un tems chaud & serein petiller & jaillir comme des étincelles : cette partie sulphureuse est aussi prouvée par l'odeur qu'exhalent nos Eaux, & par les bluettes de feu qui sortent de leurs bouës deffechées, & jettées sur la pelle rougie au feu , ou broyées dans l'obscurité.

Les Sels d'eux-mêmes n'ont aucune odeur, & n'en peuvent

avoir, ni fournir des bluettes, qu'autant qu'ils font mêlés avec quelques parties fulphureufes, quelles qu'elles foient.

Ce Sel volatil a tant de reffort, tant d'élafticité, que fi on bouche la bouteille dans l'inftant qu'elle eft remplie d'Eau minérale, ou fi on ne laiffe pas quelque intervale entre l'eau & le bouchon, la bouteille éclatte & fe rompt.

Si les Eaux de Vichy charrient avec elles des parties volatiles, elles ne doivent pas y être inutilement: La nature ne fait rien en vain; l'Auteur Suprême la fait toujours agir pour une fin: Auffi cette mere bien faifante tend - elle toû-

jours à la perfection de chaque
être; plus fes productions font
parfaites, plus nous devons en
faire cas: Combien ne devons
nous donc pas eftimer le volatil de nos Eaux ? Il en eft comme l'efprit qui les anime, &
les rend fécondes; c'eft une
matiére fubtile, une matiére
æthérée, qui par fon affinité
avec les efprits animaux, péné-
tre fans obftacle toutes les di-
varications des nerfs, tous les
réduits des vifcères; elle fe porte avec facilité dans les parties
les plus enfoncées & les plus
reculées de notre corps, & va
leur donner un nouveau mouvement, & une nouvelle vie.
C'eft un raïon de lumiére, qui

va porter la férénité dans le corps abbatu par la maladie : en un mot, c'eſt un eſprit fécond, qui eſt porté ſur nos Eaux.

Mais qu'on ne s'y trompe pas, on ne trouve cet eſprit qu'à leur ſource : c'eſt là ſeulement où il ſe plaît a manifeſter ſa préſence, & ſes bons effets : Il abandonne ces Eaux, à meſure qu'elles s'éloignent de leurs Baſſins. A vingt pas, ce n'eſt plus le même goût, la même odeur ; par conſéquent ce ne ſera plus des Eaux ſi animées, ſi éficaces.

Que ſera - ce donc, lorſqu'elles auront été puiſées depuis long-tems ? opéreront-elles

les mêmes merveilles? Jugez
en par l'aveu de ceux, qui après
les avoir bû à Paris, viennent
les boire à Vichy ? Ils les trouvent tout à fait différentes ; &
comment seroient - elles les
mêmes , puisque transportées
elles ne donnent plus la même
sensation au goût & à l'odorat ; elles ne fermentent pas si
promptement, ni si vivement,
ni si long-tems avec les acides;
elles ne verdissent pas si promptement, ni en même quantité
le syrop violat; ainsi des autres
expériences qu'on fait en pa-
reil cas. Elles n'ont donc pas
la même vertu, la même acti-
vité. La perte seule de l'esprit
minéral dans les Eaux trans-

portées , devroit donc apeller les malades à leurs Sources ; mais j'ay encore de puiſſantes raiſons à apporter pour les y engager.

Degré de chaleur.

Il eſt conſtant que le degré de chaleur contribue beaucoup à l'action , plus ou moins forte des Eaux de Vichy , ou à les rendre plus ou moins agréables à boire : Auſſi obſerve - t'on, que plus elles ſont chaudes, moins elles ſont actives ; & que les tiédes, ou les froides, ſont plus dégoutantes , mais plus éficaces dans leur opéra-tion : ceſt parce que les eſprits, qui en ſont le principal agent, trouvent les pores plus dilatés dans les chaudes, que dans les froides, & s'en évaporent avec plus de facilité & de promptitude.

Il fuit de là, que pour tirer des Eaux de Vichy, tout l'avantage qu'on en peut attendre, il faut les boire dans le degré de chaleur, qu'elles ont à leur Source.

Or en faifant réchauffer ces Eaux tranfportées, peut-on atteindre exactement le même degré de chaleur ?

La chofe n'eft pas bien poffible ; l'on fait ordinairement chauffer telle quantité d'Eau, qu'on veut boire dans la matinée : Les prémiers Gobelets feront

ront moins chauds, les suivans le seront trop : il faut attendre qu'ils le soient moins ; par là les Eaux achevent de perdre le peu d'esprits qu'elles avoient conservés. D'ailleurs ne peut-on pas soupçonner, que les parties ignées, qui entreront dans la bouteille, altéreront la nature de ce Sel, le rendront caustique, & qu'il fera alors des impressions différentes sur les fibres nerveuses ?

Je dis plus. Pour attraper le vrai degré de chaleur de nos Eaux, il faut le connoître : or presque tous ceux qui les font transporter, ignorent cette circonstance, qui me paroît essentielle.

B

La grande Grille au Thermomêtre de M^r. de Reaumur, a trente - huit degrés & demi de chaleur; le petit Puits quarré, trente-neuf & un quart; le grand Puits quarré, quarante; la Fontaine Chomel, trente-sept; le gros Boulet, trente & demi; le petit Boulet, vingt-trois; la Fontaine des Celestins est tout à fait froide.

Dites-moi, je vous prie, si en faifant chauffer nos Eaux tranfportées, on s'attache à trouver leur véritable degré de chaleur. On les boit toutes également chaudes, tandifqu'à Vichy on les boit telles que la nature les préfente, froides, tiédes ou chaudes: Eft-ce en

vain, qu'elle nous fait un pré-
sent si varié? L'expérience jour-
naliére nous démontre les différens effets de chaque Source,
par conséquent différens avantages, qu'on ne peut trouver
qu'à Vichy.

Varieté des Sources.

S'il est certain que l'action
des Eaux de Vichy varie dans
chaque Source, les malades
pour en sentir le bénéfice, ou
doivent venir à Vichy, ou il
faut qu'ils en fassent transporter de chacune, pour sçavoir
celle qui convient le mieux;
mais la plûpart se contentent
de celle de la grande Grille : il
faut qu'elle suffise à tout, &

qu'elle remplisse toutes les in-
dications. On en fait une pa-
nacée, un remede universel.

Cependant il est des cas où
il faut aider leur action, par le
tiers de celle du gros ou du
petit Boulet. Il est des personnes, qu'elles doivent beaucoup
purger; il en est, qu'elles doivent peu purger: Il est des tempéramens, que les Eaux chaudes incommodent, & qui ne
se trouvent bien que de celles
des Celestins. Celui-cy s'affec-
tionne pour le Puits Chomel,
celui-là pour le petit Puits quarré: chacun fréquente la Source
qui convient à son mal, à son
tempérament, & qui le soula-
ge. Trouvera - t'on tous ces

avantages dans les Eaux tranfportées ? Je vous laiffe la queftion à décider.

Inconvéniens de les boire à la Campagne.

Je veux qu'un malade en-
voïe prendre à Vichy des Eaux
de la Source qui convient à
fon mal ; mais s'il les boit chez
lui à la campagne , comme il
arrive ordinairement ; qui le
conduira dans l'ufage de ce remede ? Ou il fe gouvernera
lui-même, ou il fera dirigé par
fon Chirurgien ? Souvent l'un
& l'autre ne connoiffent les
Eaux de Vichy, que de nom :
Ils ne fçauront pas s'accom-
moder au tems, & à la circonf-

tance de la maladie : On purgera, lorfqu'il faudra faigner ; on faignera, lorfqu'il fera queftion de purger. Ils ne feront pas mieux inftruits fur la quantité qu'il faut boire chaque jour : cependant il eft des occafions où il faut plus ou moins boire ; il en eft, où il faut ceffer de boire, pour faigner, ou recourir à quelques Bains tempérés. Je ne parle pas des fautes qu'on peut commettre dans le régime, ou dans le choix des remedes purgatifs, ou de ceux que l'on peut utilement marier avec nos Eaux.

J'ay connu une perfonne, qui en buvant les Eaux de Vichy tranfportées, avala quinze onces de Sel de ſeignette, dans l'eſpace de quinze jours qu'il les bût. Il en fut trés-peu purgé, & beaucoup incómodé; le ventre devint tendu par la criſpation de ſes fibres. L'année ſuivante il vint à Vichy, après deux ſaignées, un minoratif en lavage, & ſix bains domeſtiques; il bût les Eaux ſans addition d'aucun ſel, il en fut régulierement purgé, quatre ou cinq fois chaque jour, & il guérit : Jugez maintenant à laquelle de ces deux méthodes vous devez donner la préference.

Infidélité des Commiſſionnaires.

Je veux encore que le malade, & celui qui le conduit, connoiffent la nature, & les proprietés de nos Eaux, & qu'ils en fachent faire ufage ; mais peut-on s'affurer de la fidélité de celui qui les tranfporte? tout le monde fçait le penchant des domeftiques à n'être pas toû-jours fidèles, & combien l'argent a d'attraits pour eux? Ne les a-t'on pas vû fouvent remplir leurs bouteilles au premier ruiffeau, ou tout au plus à l'écoulement de nos Sources, où les Eaux font éventées? Ne fçait-on pas que des Bâteliers font venus la nuit charger leur Bâteau à l'endroit où les Eaux s'écoulent dans la riviére, & abufer ainfi de la crédulité du Public?

Fraude de ceux qui les débitent.

Ignore - t'on que dans des Villes éloignés, on vend pour Eau de Vichy de l'Eau commune, où on a fait diſſoudre du Sel de Seignette? Un ſçavant Medecin en fit un jour l'analyſe, & n'y trouva aucun principe des véritables Eaux de Vichy. A combien d'autres abbus de cette eſpèce ne peut-on pas s'attendre dans le tranſport de ces Eaux.

Erreur des Malades.

Pluſieurs malades ſe perſuadent, que puiſque nos Eaux ſouffrent le tranſport, & qu'elles font des merveilles, éloignées de leur source, il est inutile de les aller boire sur les Lieux, & qu'on peut boire les Eaux de Vichy à Bourbon, à Neris, au Mont d'Or, &c. & qu'en les faisant réchauffer dans d'autres Sources minérales, & chaudes, elles reprennent le volatil, & le degré de chaleur, qu'elles ont perdu dans le trajet.

C'est un vrai paradoxe, dites-vous, qui est démenti par la bonne physique : En effet, comment comprendre que des Eaux minérales, qui sont d'une autre nature que les nôtres, puissent leur transmettre ce qu'elles n'ont pas ? Or il est constant, que toutes les autres

Eaux minérales différent des nôtres, ou par la qualité, ou par la quantité du minéral, ou par leur degré de chaleur : Elles ne font donc pas les mêmes, & fi elles ne font pas les mêmes, comment pourront-elles reſtituer aux nôtres ce qu'elles ont perdu ?

Fraude de la part des Baigneurs.

Ce n'eſt pas tout : Les Baigneurs des autres Lieux, où il y a des Eaux minérales, étant chargés d'envoyer à leurs frais chercher des Eaux de Vichy pour les vendre aux malades, ont foin de les multiplier, & d'une bouteille en faire deux, en achevant de les remplir

dans leurs Fontaines minérales.
Plufieurs perfonnes s'en font
plaint, & ont reconnu la fraude par les bouteilles décache-
tées, par l'abfence du goût &
de l'odeur, & par le peu d'effets de ces Eaux.

Danger des vaiffeaux où on les tranfporte.

D'ailleurs, dans quels vaiffeaux tranfporte-t'on les Eaux
de Vichy ? Dans des cruches
de terre, de grais, ou dans des
vaiffeaux de bois, qui auront
tenu du vin, du vinaigre, ou
quelqu'autre liqueur, capable
de leur donner un goût & une
odeur étrangere.

De plus, ignore-t'on que les
Sels

sels des liqueurs qui auront pé-
nétré le tissu de ces sortes de
vaisseaux, fermenteront avec
le sel de nos Eaux, & en chan-
geront la nature? Ne sçait-on
pas que ce sont des corps très-
poreux, que le sel minéral les
traverse, & fait des efflorences
salines à leur superficie exté-
rieure? Il arrive de là, qu'il ne
reste plus dans ces sortes de
vaisseaux, qu'un phlegme insi-
pide, ou tout au plus une Eau
dépourvûë de la majeure partie de ses principes actifs. Il n'y
a que le verre, comme moins
poreux, qui puisse les retenir,
& les conserver plus long-tems:
aussi observe-t'on qu'elles ont
plus d'action, transportées dans

C

le verre, que dans tout autre vaiffeau.

Pratique des Medecins.

Joignons à toutes les raifons que je viens d'alléguer, l'autorité & l'exemple des Medecins de la plus haute réputation, qui de tout tems font venus boire nos Eaux à la fource, & depuis peu M^r. Helvetius, premier Medecin de la Reine, & M^r. Thieullier, Medecin de Sa Majefté en fon Grand Confeil.

Jugez à préfent, Monfieur, s'il n'eft pas plus utile de venir aux Sources de Vichy, que de boire leurs Eaux tranfportées. Tout femble vous y engager;

l'avantage de trouver parmi
ſept Fontaines, celle qui ſera
plus à la portée de votre maladie & de votre tempérament,
la bonne méthode de les mettre en uſage, l'abus qu'on en
fait ailleurs, leur ſituation avantageuſe, les belles promenades,
la bonne compagnie, les différens amuſemens qui s'y ren-
contrent dans les Saiſons, la
propreté des Logemens, l'affa-
bilité des Habitans, la pratique
conſtante des Medecins de Paris & des Provinces éloignées,
leſquels malgré la grande con-
ſommation de nos Eaux dans
leur Ville, ne font aucune difficulté d'accorder la préference
à celles qui ſe boivent à Vichy.
C

& d'y envoyer leurs malades :
Tout en un mot vous apelle à
Vichy : refifterez-vous à tant
d'avantages ?

CHAPITRE II.

Des Bains, & de la Douche.

TOut ce que nous venons
de dire, ne roule que
fur les Eaux de Vichy, prifes
intérieurement par la Boiffon :
Elle peut feule fuffire à la guérifon d'un grand nombre de
maladies ; mais elle feroit inéfi-
cace pour une infinité d'autres.
Il faut joindre à la Boiffon, l'u-
fage des Bains & des Douches.
Les Bains font d'une fi grande

étenduë, d'une ſi grande éficacité, que les plus grands Medecins les regardent comme
une medecine univerſelle.

Il eſt vrai, que pour vaincre
bien des maux, les Bains ſim-
ples d'Eau commune, que l'on
prépare chez ſoi, peuvent ſuf-
fire. Faut-il détremper le ſang,
calmer ſon feu, corriger ſon
acrimonie, donner de la ſoupleſſe aux ſolides, ouvrir les
pores, & faciliter la tranſpira-
tion, le Bain domeſtique d'eau
commune remplira ces indi-
cations ?

Mais veut-on lever des ob-
ſtructions, augmenter la chaleur du ſang, donner du mouvement aux liqueurs, ranimer

C 3

une circulation languiſſante? Veut-on que les parties ſalines, ignées & ſulphureuſes, pénétrent plus profondément? veut-on réſoudre des humeurs épaiſſies & fixées, attaquer des duretés naiſſantes dans les articulations? veut-on ébranler des vaiſſeaux engourdis, rappeller le mouvement dans un membre perclus? vous n'en viendrez à bout, que par les Bains & la Douche des Eaux minérales chaudes.

Or on eſt privé de tous ces avantages, en buvant les Eaux tranſportées: de là tant de guériſons manquées, ou imparfaites, qui auroient été radicales, ſi on étoit venu à Vichy.

Mais, me direz-vous, je conviens que la Boisson des Eaux de Vichy doit précéder les Bains & les Douches, & que sans eux, ceux-cy seroient d'un foible secours, & peut-être dangereux ; mais ne peut-on pas les faire transporter dans d'autres Lieux célébres par leurs Bains & leurs Douches, & qui passent pour être plus éficaces que ceux de Vichy ? Pourquoi multiplier la dépense, & la fatigue du voyage ?

A Dieu ne plaise, que je veüille décrediter ou diminuer le mérite des autres Bains minéraux. Je n'ignore pas leur vertu, ni le nombre des guérisons brillantes qui s'y opé-

rent : leur réputation eſt bien
fondée , & elle va toûjours en
croiſſant par l'intelligence , la
ſagacité , & la ſaine pratique
des Medecins qui y ſont chargés de la conduite des malades ; mais ne leur déplaiſe, nos
Bains & nos Douches ne ſont
pas moins féconds en merveilles , ſans entaſſer icy tous les
prodiges de guériſons opérées
à Vichy, & rapportées par mes
prédéceſſeurs ; je dirai ſeulement qu'il n'eſt point d'année,
point de ſaiſon, qui ne ſoient
ſignalées par quelques cures
éclatantes, qui ſaiſiſſent d'ad-
miration. C'eſt icy cette Piſci-
ne ſalutaire, où les mourans,
les boiteux & les paralytiques ,

trouvent le mouvement, la vie & la fanté.

Mais entrons dans quelques détails : Les Bains & les Douches ne produifent de bons effets que par trois moïens ; 1°. Par le degré de chaleur de l'Eau. 2°. Par les principes qui la rendent minérale. 3°. Par la maniére dont elle eft lancée fur une partie.

Eû égard à leur chaleur, les Douches de Vichy ne font point inférieures aux autres. Je dis plus, que dans bien de circonftances, elles leur font fupérieures.

Plufieurs degrés de chaleur au-deffus de celle du fang, peuvent endurcir la partie fibreufe, & cuire pour ainfi dire, la limphe.

Des torrens de feu qui paffe-ront dans la circulation, pour-ront la rendre trop rapide, pourront tellement agiter, tel-lemenr raréfier le fang, qu'il rompra fes vaiffeaux, ou paffe-ra dans les limphatiques. Les folides eux-mêmes, par un jeu outré, & pouffé à bout, le contraindront à fe fourvoyer. Cette terreur n'eft pas pani-que, l'expérience en juftifie le fondement.

Or la plûpart des Eaux Ther-males ont jufqu'à douze & quatorze degrés de chaleur au-deffus de celle du fang. Que de ravages ne pourroient-elles donc pas faire, si la prudence des Medecins n'en garantissoit les malades ? Ils ont coûtume de faire refroidir de l'Eau minérale, pour en couper les Bains & les Douches du lendemain.

A Vichy, nous n'avons pas à nous garantir contre de pareils inconvéniens ; la chaleur des Eaux y est à quelques degrés près, analogue à la chaleur du sang. La plus chaude de nos Sources ne fait monter la liqueur du Thermomêtre de M^r. de Reaumur, que jusqu'au quarantiéme degré ; d'autres, jusqu'au trente-sept & trentehuitiéme, & la chaleur du sang est de trente-deux degrés & demi.

Concluons de là, que les Eaux de Vichy ont affez de chaleur pour produire les effets falutaires qu'on en attend, fans courir les rifques, qu'on peut courir ailleurs.

J'ay connu des Medecins, qui font dans la perfuafion, que les Bains & les Douches tirent toute leur éficacité du feul degré de la chaleur de l'Eau, & que les différens principes qui la rendent minérale, n'y entrent pour rien; qu'ils connoiffent des Eaux Thermales très - falutaires d'ailleurs, dans lefquelles par l'analyfe on n'y peut démontrer aucun minéral, ou dans lefquelles il y en a fi peu, qu'on peut dire

qu'ils

qu'il n'y en a point.

Selon cette hypothéfe, les Bains & les Douches de Vichy ne le doivent céder à aucunes autres Eaux Thermales, pour les raifons que nous avons ap-portées.

Mais fans adopter ce fenti-ment, dont on peut fe défier; je prétens que dans le Bain ou fous la Douche, les pores & les vaiffeaux abforbans de no-tre corps, comme autant de fyphons, pompent l'eau avec les atomes minéraux, qu'elle roule avec elle : Et comment ne s'y introduiroient-ils pas, puifqu'ils font au même degré de ténuité, de divifion & de legereté, que les parties aqueu-

D

ſes avec leſquelles ils conſti-
tuent un tout.

Si la majeure partie des Eaux
minérales ne doivent leurs proprietés & leurs effets, qu'aux
corpuſcules ſalins & ſulphu-
reux qu'elles charrient ; celles
de Vichy ſeront - elles d'une
pire condition? Ne ſont-elles
pas, de l'aveu de tous les Sçavans, ſulphureuſes & ſalines ?
Accordons-leur donc la vertu
de produire les mêmes effets.

A raiſon même du ſel, dont
elles ſont plus chargées , que
pluſieurs autres, elles doivent
être plus puiſſantes. Ces parties
ſalines , entraînées par l'eau,
ſe gliſſent dans les vaiſſeaux ca-
pillaires, s'inſinuent dans le vo-

lume des liqueurs, les séparent, les frappent, & les broïent par leur choc ; elles donnent de douces secouſſes aux fibres, & par des percuſſions redoublées, elles impriment des Oſcilla-tions, rapellent ou fortifient le reſſort de notre machine.

Ce Sel eſt donc très-propre à lever les embarras, à fortifier les parties, & à rétablir les fonctions.

Mais ne soupçonnez pas, que par ſa quantité, il puiſſe trop agacer les nerfs. Un grain de Sel noyé dans cent ſoixante & dix parties d'eau, a-t'il de quoi vous allarmer ?

Or il eſt conſtant, que les Eaux de Vichy n'ont de ſel,

D 2

que la cent soixante & dixiéme partie de leur poids, sur quoi il faut encore défalquer un vingt - deuxiéme de terre absorbante.

Par la Boisson, il entre dans le corps une bien plus grande quantité de ce Sel, que dans le Bain, ou sous la Douche. On ne se plaint pas de ses mauvais effets, on n'en reçoit que d'avantageux.

Enfin une Eau chaude, déterminée par sa chûte sur une partie, peut par un mouvement accéleré, joint aux corpuscules salins, dont elle est chargée, peut, dis-je, résoudre les humeurs épaissies, & rapeller le jeu de cette partie, lorfqu'il eft perdu.

Les Douches de Vichy peuvent avoir un degré de fupériorité fur les autres, en ce que ailleurs on a des Bacquets, qu'on éleve à la hauteur que l'on veut ; l'on y jette l'Eau Thermale à pleins fceaux, à mefure qu'elle tombe fur le malade : Par cette manœuvre, combien de parties ignées, de parties fulphureufes, falines & volatiles, perduës pour le malade.

A Vichy, il reçoit d'affez haut l'Eau au fortir de fa Source, toute chargée de fes principes actifs, & fans déperdition de parties fubtiles.

Ce qui augmente encore l'é-

D 3

ficacité des Douches de Vichy,
c'est que le volume d'Eau de
toute la Source, qui fournit
beaucoup, obligé de tomber
sur le malade par un Enton-
noir fléxible, pour être porté
où l'on veut, & dont l'issuë est
étroite : *Quà data porta ruit*,
sort avec impétuosité, & frape
assez rudement la partie, pour
la faire rougir en peu d'ins-
tans, & pour produire ensuite
des sueurs abondantes.

Ce n'est donc pas sans raison, que je voudrois que les
malades ausquels on a con-
seillé les Eaux de Vichy, s'y
transportassent pour y trouver
tous les avantages qu'ils atten-
dent de ce remede. Ce n'est

donc pas multiplier la dépenſe & la fatigue du voyage, c'eſt les diminuer, puiſqu'à Vichy on y boit, on s'y baigne, on s'y douche avec ſuccès.

Venons à la partie la plus utile de cette Diſſertation, à la maniére de ſe conduire dans l'uſage des Eaux de Vichy.

SECTION SECONDE.

De la maniére de ſe conduire dans la Boiſſon des Eaux de Vichy.

L Es remedes les plus ſou-verains peuvent devenir préjudiciables par l'abus qu'on

en fait, par le défaut de pré-
paration, ou par les circonſtan-
ces où ſe trouvent les malades.

Les nourritures les plus ſaines
deviennent nuiſibles, ſi on *les*
prend à contre-tems, en trop
grande quantité, ou trop ſouvent.

Sera-t'on ſurpris, ſi les Eaux
de Vichy, remede d'ailleurs
d'une ſi grande étenduë, ne
répondent pas toûjours à l'at-
tente des malades, ou ſi quelques fois elles produiſent des
effets contraires à leurs déſirs.

Avant que de faire uſage de
quelque remede que ce ſoit,
on a coûtume de s'y préparer,
& d'uſer de précautions. La
même règle doit être obſervée

pour les Eaux de Vichy. Il est des observations à faire, 1°. Avant de les boire. 2°. Quand on les boit. 3°. Quand on a cessé de les boire. Nous allons parcourir ces trois objets dans les trois Chapitres suivans.

CHAPITRE I.

QU'IL faut consulter son Medecin.

QUOIQUE les Eaux de Vichy, soient de tous les remedes, peut-être un des plus innocens; il y auroit cependant de l'imprudence, & elles pourroient être préjudiciables, si on s'y livroit sans la

décision & l'aveu de son Medecin. C'est à lui à juger si le
remede convient à votre mal,
aux circonstances de votre mal,
& à votre tempérament. C'est
à lui à vous apprendre de quelle Source vous devez faire usage, la quantité que vous devez
boire chaque jour, & pendant
combien de tems vous devez
boire. C'est à lui à juger, si les
Bains & les Douches vous conviennent, & dans quelles circonstances elles vous conviennent : Enfin c'est au Medecin
à déterminer si vous avez besoin d'être saigné & purgé, &
& dans quel tems vous en avez
besoin.

N'écoutez donc pas tous ces

Empiriques, ces demi Sçavans, ces donneurs d'avis, qui jugent de toutes les maladies, de tous les tempéramens par les leurs ; qui, parce qu'ils se sont bien trouvés d'une Source, la conseillent indifféremment à tous les malades, & qui parce qu'ils sont peu scrupuleux sur les remedes généraux, & sur le régime, se citent pour exemple à tous les autres. La peine suit souvent de près une telle imprudence.

Mais comme plusieurs personnes de la campagne ne sont pas toûjours à portée de consulter ; & d'être conduits par un Medecin ; encore moins de se transporter à Vichy, eû égard à leurs facultés & à leurs occupations; tout ce que nous dirons dans la fuite, pourra fervir à ceux qui boiront les Eaux tranfportées, comme à ceux qui les boiront à leurs Sources.

Maladies aufquelles conviennent les Eaux de Vichy.

1°. En général, on peut s'affurer que la Boiffon des Eaux de Vichy a lieu, toutes les fois que la circulation languit, ou eft dérangée par l'épaiffiffement du fang & de la limphe, ou que les parties folides ont perdu leur reffort par le relachement. 2°. Toutes les fois qu'il s'agit de laver, de détremper

per le fang, le rafraichir, l'at-
ténuer & le brifer.

3°. Toutes les fois qu'il fera
queftion de lacher ou purger
le ventre, nettoyer ou animer
les organes de la digeftion.

4°. Lorfqu'il faut ouvrir les
voïes de la tranfpiration & des
urines, ou de rétablir les fecretions, rapeller les règles, les
moderer, où corriger les in-
tempéries de la matrice.

Maladies de la Peau.

Ainfi elles conviennent parfaitement dans les maladies de
la peau, comme Galles, Tei-
gnes, Démangeaifons, Dar-
tres, Érefypèles, Écroüelles,
fuppreffion de tranfpiration,

E

Bouffissures , Teint dépravé, Cachexie , Leucophlegmacie.

Des Nerfs.

Obstructions, Convulsions, Mouvemens convulsifs, Tremblemens, Paralysie , Rhumatismes.

Les Fiévres.

Dans plusieurs Fiévres intermittentes , irréguliéres , erratiques , chroniques , tierces, quartes, doubles quartes; dans la mélancolie & les maladies hippocondriaques.

Maladies de la Tête.

Dans les douleurs, migraines, inte mpéries du cerveau,

éblouïffemens, vertiges, infomnies, affoupiffemens, fuites & difpofitions apoplectiques & léthargiques; catharre, incommodité de pituite, tintemens d'oreilles, difficultés de l'ouïe.

De la Poitrine.

Dans l'Aftme, la Palpitation, la Sincope.

De l'Eftomach.

Défaut d'appétit, appétit dépravé, naufées, vomiffemens, amertumes de bouche, crudités, foibleffe d'eftomach, indigeftion, digeftion trop lente, ou trop prompte, douleur, chaleur, froideur, pefanteur d'eftomach, gonflemens, picotemens, rots, hocquets, colique d'eftomach, Lienterie, contre les vers de toute efpèce. J'ai vû plufieurs perfonnes dans l'ufage des Eaux de Vichy rendre des portions confidérables de vers folitaires.

Des Vifcères.

Obftructions, douleurs, chaleurs, tumeurs, duretés, gonflemens des vifcères, du foïe, de la ratte, Ictericie ou jauniffe dans les obftructions du canal cholidoque, dans les embarras & les pierres de la veflicule du fiel, dans les épaififfemens de la Bile, dans les commencemens d'hidropifie.

Des Inteſtins.

Comme conſtipation, teneſme, diarrhées, flux bilieux, flux hépatique, diſſenterie, affection cœliaque, Ileon, cholera-morbus, les vents, les hémorrhoïdes.

Des Reins & de la Veſſie.

Comme douleurs, coliques néphrétiques, chaleurs des reins, la pierre, la gravelle, ſuppreſſion d'urine, ſtrangurie, ardeur, incontinence d'urine.

Des Femmes.

Comme jauniſſe, pâles couleurs, règles ſupprimées, trop

E 3

abondantes, fleurs blanches &
verdâtres, vappeurs, fterilité.

*Maladies, aufquelles les Eaux
de Vichy ne conviennent pas.*

Elles ne conviennent point
à toutes les maladies qui font
l'effet de la trop grande ténuité ou diffolution du fang, ou
de la trop grande tenfion, ou
defféchement des parties folides.

Elles feroient nuifibles dans
toutes les inflammations, dans
les abfcès, les ulcères du pou-
mon, la phtifie, la pulmonie,
certaines fiévres lentes, fiévres
hectiques; dans les hidropifies
confirmées, les fiévres conti-
nuës, ou fubintrantes ; dans

l'Épilepfie idiopatique, qui a fon fiége dans le cerveau. Pour celle qui eft fimphatique, elles réüffiffent à merveille.

Je les crois dangereufes dans les accès de Goutte, & elles feroient infructueufes dans toutes les maladies vénériennes & fcorbutiques.

Tempérament.

On entend par tempérament cet état, cette condition qui réfulte de l'affemblage de chaque partie folide, & de chaque liquide de notre corps, & de la maniére dont les folides exercent leurs fonctions, & dont les liquides obéiffent à l'impulfion, ou aux ofcillations des folides.

Comme toutes ces combinaisons font différentes dans presque tous les individus, il en doit résulter une variété étonnante de tempéramens.

Mais on ne peut guéres s'y méprendre, lorsqu'il est question de boire les Eaux de Vichy. Comme elles sont propres aux deux tiers des maladies, je puis assurer qu'elles conviennent aussi aux deux tiers des tempéramens, de quelque espèce qu'ils soient.

Il n'y a à excepter, que ceux qui péchent par trop de chaleur & de fechéresse, qui ont les fibres aussi desséchées, aussi tenduës que la peau d'un tambour, & dont la limphe est plus corrofive que nourriffante.

Ceux dont le fang prend feu facilement, & eft fufceptible d'une expanfion capable de déranger les fonctions.

Ceux qui ont une efpèce de fiévre tonique, ou fiévres des parties folides, dans lefquels vous trouvez toûjours de la dureté dans le pouls, & de la rigidité dans l'artère.

Ceux dont les nerfs font toûjours dans l'Erethifme.

A ces fortes de tempéramens, dont le reffort eft déja trop grand, les remedes purement aqueux, les délayans & les anodins conviennent mieux que nos Eaux, qui font toniques; c'eft-à-dire propres à augmenter le jeu & le ressort des parties.

L'Age.

Les enfans & les vieillards peuvent - ils esperer quelques soulagemens des Eaux de Vichy. ?

Pourquoi priveroit - on les enfans de ce secours ? Eux qui mangent à toute heure, dont le régime est la source de quantité d'humeurs grossiéres, indigestes, putrides, bilieuses, vermineuses ; les enfans qui sont sujets à des fiévres longues, à des obstructions, à des gonflemens , des duretés du bas ventre : pourquoi, dis-je, les priveroit-on de ce remede

fpécifique à ces fortes d'infir-
mités.

J'ay l'expérience de ce que
j'avance, dans un de mes enfans, qui a deux ans & demi;
extenué, languiffant, & pref-
que moribond à la fuite d'une
fiévre opiniâtre & putride,
voyant tant de perfonnes boire
à nos Fontaines, voulut être de
la partie, fans doute pour calmer fa foif : Il en bût quelques
petites verrées, y prit du goût,
& alloit toute la journée boire
avec une coquille de noix, bar-
botter & tremper dans la grande Grille, bifcuits, dragées &
généralement tout ce qu'on lui
donnoit à manger. Tout le
monde fe plaifoit à le voir

ainfi s'amufer; il a depuis re-
pris un embonpoint charmant.

Ne purge-t'on pas dans l'oc-
cafion; ne faigne-t'on pas les
enfans? Ne leur donne-t'on
pas des fondans, des apéritifs,
des contre-vers? Pourquoi ne
leur prefcriroit-on pas quelques
verrées d'Eau de Vichy, dont
il y a certainement moins à
craindre, que des autres remedes qu'on leur donne?

Par la même raifon on les
ordonne utilement aux vieillards, à moins qu'ils ne foient
tout à fait décrépits : Ce remede ne les empêcheroit pas de
payer le tribut à la nature.

Mais pour les autres, c'eft
le moïen de les faire vivre plus
long-

long-tems, de retarder les in-
commodités de la vieilleſſe,
d'entretenir leur chaleur natu-
relle, le jeu des parties ſolides,
la régularité des ſecretions, la
ſoupleſſe & le reſſort des organes de la digeſtion, l'unifor-
mité dans la circulation, &
prévenir les maux qui font la
ſuite d'une limphe épaiſſie, qui
roule difficilement, & ne fournit plus aux ſecretions. Tous
les ans nous voyons des Sep-
tuagénaires boire nos Eaux, &
s'en bien trouver.

Le Sexe.

On eſt d'accord, que les perſonnes du Sexe peuvent dans
l'occaſion recourir aux Eaux

F

de Vichy; mais il eſt deux cir-
conſtances où les Femmes &
les Filles ſe trouvent ſouvent,
qui demandent quelques réfle-
xions.

Peut-on ordonner les Eaux
de Vichy à une Femme groſſe,
ou qui a ſes règles?

Pour répondre à la premiére
queſtion, je dis que pluſieurs
Femmes ſe ſont trouvées en-
ceintes, ſans le ſçavoir, ont bû
ces Eaux, & n'en ont reçû aucun dommage. Quelques-unes
même, n'ignorant pas leur
état, en ont bû ſobrement
pendant quelques jours, & en
ont uſé enſuite de quelques
doux purgatifs avec ſuccès.

On eſt quelquesfois obligé

de faigner largement, & purger affez fortement les Femmes groffes. Pourquoi leur in-
terdiroit-on les Eaux de Vichy,
qui n'ont pas les inconvéniens
des autres remedes ? Elles pur-
gent fans tranchées, & ne pur-
gent pas trop ; elles font faites
pour l'eftomach : Et combien
n'a - t'il pas à fouffrir dans la
groffeffe ? Ces Eaux peuvent le
laver, noyer & entraîner fans
tumulte les humeurs groffiéres,
& calmer les orages, dont ce
vifcère eft fouvent la victime.

Mais il faut ufer de prudence : on s'en fert pour rapeller
l'évacuation périodique, & cette évacuation dans la groffeffe,
pourroit avoir des fuites fâ-

cheufes. Il ne faut donc pas les boire inconfidérement, en quantité, ni long - tems, ni fans l'avis d'un Medecin éclairé.

S'il ne s'agiſſoit que de fe préparer à être purgé, deux ou trois Gobelets, pris pendant trois ou quatre jours, ne feroient fuivis d'aucun dérangement, & le plus fimple minoratif purgeroit alors fans danger.

Paſſons au fecond objet de la queſtion : Une Femme dans le tems de fes règles, peut-elle commencer, ou continuer de boire les Eaux de Vichy ?

Ou elle les a trop abondantes, & de bonne qualité; dans ce cas il eſt prudent, pour ne point déranger la nature, d'attendre à boire, que l'écoulement ait ceſſé.

Ou bien elles ne ſont pas trop abondantes; elles arrivent dans leur tems avec la quantité & la nature qui conviennent; on peut dans ce cas boire, mais ſobrement.

Enfin une femme n'eſt pas bien réglée, l'évacuation chicane pour le tems & la quantité; la qualité en eſt viciée, elle ne fournit qu'une matiére ſanguinolente, ſereuſe, verdâtre, noirâtre ou blanchâtre : Je dis qu'alors on peut boire hardiment & largement.

La Saiſon.

Il en eſt des Eaux de Vichy,

F 3

comme d'un grand nombre
d'autres remedes : on attend la
belle Saifon pour les mettre en
ufage, & il eft certain que la
douceur & la férénité de l'air
contribuent beaucoup à les faire réüffir.

Lors donc que la maladie le
permettra, que les progrès n'en
feront point trop rapides, qu'il
s'agira de prévenir une rechûte,
le tems le plus commode pour
la Boiffon des Eaux de Vichy,
eft depuis le mois de May jufqu'au quinze Octobre.

Mais dans une néceffité pref-
fante, dans les fuites d'apoplexie, dans une violente colique, &c. il faut recourir à ce
remede en tout tems, & le

plûtôt qu'il est possible. Je dis même, que dans toutes les maladies, dont nous avons fait l'énumération, on peut les boire avec succès en Hyver comme en Esté, dans l'Automne comme au Printems.

En effet, rien n'empêche que dans toutes les Saisons, on n'y trouve le soulagement que l'on cherche.

Nos Eaux ont en tout tems le même degré de chaleur, ne se troublent jamais, & conservent toûjours la même limpidité : Elles ont en tout tems la même quantité de minéral, & répondent également aux expériences que l'on en fait en Hyver, comme à celles que l'on fait en Esté.

Je connois bien des perfonnes, qui font dans la perfuafion que les Eaux de Vichy ne
font pas fi éficaces lorfqu'il
pleut beaucoup; qu'il faut, difent-elles, attendre que les
pluïes foient écoulées, & que
la chaleur du Soleil ait épuré
nos Eaux.

C'eft une erreur : Les Eaux
de Vichy dans les plus grandes
fécherefles ne diminuent jamais d'une demie ligne; elles
n'augmentent jamais d'une demie ligne, quelques longues,
quelques abondantes que foient
les pluïes. Elles n'ont donc
point de communication avec
nos Fontaines, & ne peuvent
caufer aucune altération à la

pureté de leurs Eaux; & puisqu'elles confervent en tout tems
la même limpidité, le même
degré de chaleur, la même
quantité de minéral, les pluïes
ont donc le tems de s'écouler
avant qu'elles ayent percé plufieurs couches pour y parvenir;
ou elles font retenues par quelques couches de pierres ou
d'argile, qui les empêchent de
pénétrer jufqu'à la fource de
nos Eaux, qui coulent beaucoup au - deffous.

L'Hiver n'eft donc pas un
obftacle à l'ufage des Eaux de
Vichy : il s'agit feulement de
fe précautionner contre les ri-
gueurs de cette Saifon, par une
chaleur moderée & égale, en

gardant le lit, ou en fe pro-
menant dans une chambre bien
fermée & échauffée, jufqu'au
dix - feptiéme degré du Ther-
mometre de M^r. de Reaumur,
ou environ; c'eft le degré de
chaleur qui convient à la chambre d'un malade.

Il faut éviter de s'expofer au
froid, & aux frimats de l'air,
avant que les Eaux ayent eû
leur écoulement par les felles,
les urines, ou par la tranfpiration : avec de pareilles précautions, on peut s'affurer de la
réüffite du remede.

De la Saignée, & des Purgatifs.

Enfin pour boire avec fuccès
les Eaux de Vichy, il convient

de s'y préparer par les remedes généraux; c'est-a-dire, par la Saignée & par les Purgatifs.

Mais cette règle n'est pas générale, & ne s'étend pas à toutes fortes de maladies & de tempéramens : il faut consulter son Medecin.

Les personnes cacochines & épuifées, les personnes bouffies, celles dont les parties font tombées dans le relachement, par une feroſité abondante, n'ont pas ordinairement befoin de faignée; nous ne faignons pas non plus dans les maladies de la limphe, lorfqu'on a rien à aprehender de l'expanſion, ni du mouvement des liquides.

Mais dans tout autre cas, nous faisons saigner pour donner du jour au sang, & afin que les Eaux trouvent assez d'espace pour rouler commodément, & sans obstacle, dans toutes les ramifications des vaisseaux : Il est même des personnes sanguines, & d'un tempérament chaud, que nous faisons souvent saigner plusieurs fois, de même que ceux qui ont quelque dureté dans l'artère, & dont les pulsations font fortes & élevées. Cette précaution est souvent nécessaire, avant de les mettre à l'usage des Eaux.

La Saignée se fait ordinairement du bras; mais dans les

suites

fuites d'apoplexie, dans les pa-
ralyfies qui les ont fuivies; dans
les convulfions ou mouvemens
convulfifs ; dans les fuppreffions de règles ou d'hemorroïdes, nous préférons fouvent la
faignée du pied.

Pour ce qui concerne la purgation, nous dirons en peu de
mots, que lorfque nous avons
affaire à des corps replets &
cacochîmes, ou dont les pre-
miéres voïes font farcies d'im-
purerés groffieres & tenaces,
que les Eaux auroient de la
peine d'entraîner, nous purgeons quelquesfois ; mais rarement : nous avons recours
à l'émetique, avant de lesmet-
tre à la boiffon des Eaux ;

G

mais dans toute autre circonſtance, nous faiſons boire trois ou quatre jours avant de purger. Par cette méthode on détrempe, & on rend plus fluides & plus traitables les humeurs qu'on veut évacüer ; & le moindre purgatif réüſſit à merveille.

CHAPITRE II.

Que faut - il obſerver, en buvant les Eaux de Vichy?

IL faut ſçavoir l'heure convenable de les boire, de quelle Source on doit boire, pendant combien de jours, de quels purgatifs uſer; le régime qu'on doit garder, ce qu'il faut éviter: Enfin il faut ſçavoir remedier aux inconvéniens qui peuvent arriver. Nous allons parcourir tous ces Articles, mais ſuccintement.

L'heure convenable.

Le tems le plus propre pour boire les Eaux de Vichy eſt ſans doute le matin. La digeſtion du dernier repas étant alors totalement finie, & le chile qui en eſt le produit, s'étant tout diſtribué dans les vaiſſeaux, ou affiné en ſang, on ne riſque pas que les Eaux l'entraînent avec elles, & privent par là le corps de cette liqueur deſtinée

G 2

à en reparer le déchet. D'ailleurs, le matin le mouvement
du Sang eft plus tranquile, l'air
plus tempéré, les Buveurs en
plus grand nombre, la Compagnie plus amufante par con-
féquent : on doit-donc profiter
de ce tems pour boire.

On commence ordinaire-
ment à cinq ou fix heures du
matin, & on a fini à huit heures ou huit heures & demie.
S'il fe trouvoit cependant quelques Perfonnes délicates ou
languiffantes, ou qui par habitude ne pourroient fe lever
matin, fans en être incom-
modées, elles peuvent en affu-
rance dormir jufqu'à huit heures ; mais dans cette circonf-

tance il convient de boire une moindre quantité, ou de reculer le dîner, afin que les Eaux ayent eû le tems de s'écouler, avant qu'on prenne de la nourriture, qui pourroit déranger la nature, alors occupée de l'action des Eaux.

De quelle Source doit-on boire ?

Tous les jours on me demande, quelle est la meilleure des sept Sources minérales de Vichy.

Je répons ordinairement, que la meilleure est celle qui convient mieux à la maladie, & au tempérament ; que l'une n'est meilleure, que rélativement aux circonstances du mal

& de la constitution du malade.

Cependant il faut avoüer, que celle qui est à la portée de la majeure partie des Estomachs, est celle de la grande Grille : c'est celle dont on fait un usage plus fréquent ; c'est celle que l'on transporte à Paris, & dans les Provinces, à moins que les Medecins, ou les malades, ne spécifient précisément la Fontaine dont ils ont besoin.

Ainsi pour les compléxions ordinaires, nous prescrivons les Eaux de la grande Grille; mais si nous avons affaire à des corps replets & vigoureux, à des personnes difficiles à émou-

voir, dont les humeurs font tenaces ; s'il faut fondre des obftructions invétérées ; s'il faut
calmer ou prévenir une colique opiniâtre; fi la bile eft ré-
fineufe, & coule difficilement,
nous avons coûtume d'ordonner le tiers ou la moitié de celle du gros ou du petit Boulet,
avec les deux tiers ou la moitié
de la grande Grille, en com-
mençant & finiffant toûjours
par cette derniére.

Dans quelques circonftances
de vappeurs, dans les pâles couleurs, dans les fuppreffions dé
règles, nous avons recours au
tiers de celle du petit Boulet,
& aux deux tiers de celle de la
Grande Grille.

Dans les vappeurs , les chaleurs d'entrailles, les maladies
des reins & de la veffie, nous
employons les Eaux du Rocher
des Celeftins, que nous faifons
ordinairement chauffer dans
une des Sources chaudes , de
crainte que la froidure de cette
Eau ne faifliffe ou n'irrite l'eftomach & la poitrine de certains
malades ; mais lorfque nous
n'avons pas à apréhender cet
accident , & que le malade
n'en fouffre aucune incommodité ; nous faifons boire cette
Eau, telle qu'elle eft à la Source ; c'eft - à - dire, froide.

Pour les Eftomachs froids,
dans quelques cours de ventre,
quelques vomiffemens , nous

avons recours au grand ou au petit Puits quarrés. Pour les conſtitutions, & les poitrines délicates, le grand & petit Puits quarrés, qui ſont les plus chauds, les plus balzamiques, & les moins actifs, conviennent mieux.

Si les Eaux chaudes agitent ou nuiſent à quelques Buveurs, nous les envoyons aux tiédes ou aux froides.

Nota. Il faut autant qu'il eſt poſſible ſe conformer au degré de chaleur de chaque Source, de ſorte que ſi l'on fait tranſporter des Eaux de la grande Grille, du grand & petit Puits quarrés, ou de la Fontaine Chomel, on doit les boire plus

chaudes; celles du gros & petit
Boulet moins chaudes, & celles du Rocher des Celeftins,
froides ou dégourdies, pour les
tempéramens foibles , & les
poitrines & les eftomachs, que
l'eau froide pourroit agacer :
En buvant ainfi ces derniéres ,
elles perdent moins d'efprits ,
& en font plus actives.

Il eft deux maniéres de les
réchauffer : on a une bouteille
d'une ou de deux pintes, plei-
ne d'Eau minérale , que l'on
met dans un chaudron d'eau
commune, que l'on tient fur
le feu : on en retire la bouteille
lorfque l'on croit que l'Eau en
eft affez chaude, & on l'y re-
met , lorfqu'elle ne l'eft pas
affez.

Ou bien plus simplement, on fait chauffer dans une caffetiere couverte l'Eau minérale, & lorsqu'elle est bien chaude, on remplit à moitié, ou aux deux tiers son Gobelet d'Eau minérale froide, & on acheve de l'emplir de la chaude.

Il faut avoir attention de ne faire chauffer, que la quantité qu'on veut boire dans la matinée.

Quelle Quantité faut-il boire ?

On ne peut pas déterminer au juste ce que chaque personne doit boire dans la matinée : J'en ay vû qui ont été assez purgées par quatre Gobelets, d'autres l'ont trop été par huit ;

d'autres enfin le ſont peu, ou point du tout, par douze Gobelets.

C'eſt pourquoi, dès les prémiers jours on va lentement, on commence par trois ou quatre Gobelets de demi-ſeptier chacun, & on augmente chaque jour d'un ou de deux, juſqu'à ce qu'on a trouvé la quantité qui convient, & n'incommode pas. On peut cependant s'aſſurer, que communément on peut boire depuis huit juſqu'a douze Gobelets, qui font deux & trois pintes, meſure de Paris. J'ay connu des perſonnes, qui en ont bû juſqu'a cinq & ſix pintes; mais ces tempéramens ne ne font pas communs.

En général, il eft plus prudent de moins boire, que de trop boire : cependant il eft bon de dire qu'en cela l'eſtomach doit être juge; que lorſqu'on y fent ni gonflement, ni pefanteur, non plus que dans le ventre; que l'on ne fe trouve point fatigué par la quantité d'Eau que l'on boit, ni par le nombre des évacuations, on peut s'égayer à boire un ou deux Gobelets de plus, que nous n'avons marqué.

En buvant, il faut fe promener, fans fe fatiguer, & mettre ordinairement un quart d'heure d'intervale entre chaque verrée.

H

Si on veut que les Eaux pur-
gent plus promptement & plus
amplement, on preſſe les verrées ; c'eſt-à-dire, qu'on ne met
qu'un demi quart d'heure de
diſtance de l'une à l'autre, ou
on en boit deux coup ſur coup.

Il eſt cependant plus ſage
d'attendre que le premier Gobelet ſoit ſorti, du moins en
partie de l'Eſtomach, avant
que de le ſurcharger d'un autre.

Je ſuis dans la perſuaſion, &
l'expérience la confirme, que
ſi en buvant les Eaux de Vichy
tranſportées, on uſoit des précautions que nous venons de
marquer, ſi on en prenoit aſſez long-tems, & en aſſez

grande quantité, elles produi-
roient des effets beaucoup plus
avantageux ; mais on fe con-
tente d'en boire une pinte ou
deux pendant trois ou quatre
jours ; on y ajoûte du Sel de
Seignette : par là on les préci-
pite par les felles, & on les empêche de paffer dans le fang &
la limphe, où elles auroient
operé des merveilles. Cela s'a-
pelle fe purger avec les Eaux
de Vichy, & non pas boire les
Eaux de Vichy.

Combien de jours doit-on boire?

Les réfléxions fuivantes dé-
cideront cette queftion.

Veut - on fe difpofer à être
purgé? Veut-on détremper les

H 2

humeurs qui font dans les premieres voïes, laver les conduits
urinaires? Quatre, cinq ou fix
jours de boiffon fuffifent.

Je dirai en paffant, que la
meilleure maniére de fe préparer à la purgation, eft de boire
pendant quatre ou cinq jours
une pinte ou trois chopines
d'Eau de Vichy : Les humeurs
en deviennent plus fluides, &
obéiffent mieux ; on a pas befoin d'une forte medecine, on
eft toûjours beaucoup purgé,
jamais trop , & fans douleurs
ni tranchées.

Veut-on laver le fang , l'a-
doucir , animer les fecretions;
en un mot veut-on guérir d'u-
ne infirmité ordinaire ? Buvez

pendant quinze jours.

Mais il est des maladies rebelles, des obstructions enracinées , des paralisies revêches , des coliques opiniâtres, contre lesquelles trois semaines de boisson ne suffiroient pas ; il faut des mois entiers , il faut tout un printems , souvent même toute l'automne.

Aussi avons - nous coûtume de retenir pour les deux Saisons ceux qui ont des maladies chroniques & rebelles. On leur permet quelquesfois de se reposer trois semaines ou un mois , & quand même ils se croiroient guéris à la premiere Saison, nous les engageons à profiter de la seconde , pour

H 3

confirmer leur guérifon.

Je connois un Monfieur à Paris, qui n'a pû guérir d'une colique habituelle, qui le tourmentoit depuis plufieurs années, qu'après avoir bû nos Eaux pendant trois femaines, & s'être affujetti à les boire huit ou dix jours chaque mois de l'année; c'eft par ce feul moyen qu'il vit fans douleur.

De quels Purgatifs ufer.

Nous avons dit, que lorfqu'il n'y a point de néceffité de purger, avant de commencer les Eaux, nous en faifons boire trois ou quatre jours en petite quantité, & qu'enfuite nous purgeons éfficacement

avec les remedes les plus fim-
ples & les plus innocens, que
nous apellons minoratifs, tels
que font la Caffe, la Manne,
les Tamarinds, le Sirop de chicorée compofé, le Sirop de
fleurs de pefchers, le Sel de
Seignette végétal, Polichrefte,
de duobus, ou *Arcanum duplicatum*, d'Epfom, ou avec le fel
de nos Eaux; quelquesfois avec
la Rhubarbe, les Follicules de
Senné, rarement avec fes feüilles, encore moins avec des drogues ftimulantes ou incendiai-
res.

Quelquesfois nous purgeons
feulement au commencement
& à la fin de la Boiffon : Souvent tous les fix ou huit jours,

dans les circonstances où il faut
évacüer, à mesure que les humeurs sont fonduës, & que la
maladie demande de fréquentes purgations.

Il est des tempéramens qui
ne peuvent prendre aucun purgatif, de quelque espèce, &
quelque doux qu'il soit, sans
tomber dans des accidens considérables : à ces personnes nous
conseillons seulement de recevoir pendant quelques jours,
après avoir cessé de boire; de
recevoir, dis-je, un ou deux
lavemens par jour : ou bien
dans les derniers jours de la
Boisson nous aiguisons les Eaux
par quelques gros des Sels que
nous venons de nommer.

En faveur de ceux qui boivent les Eaux transportées à la Campagne , nous ajoûterons quelques Formules de Medecine.

Pour les perſonnes faciles à émouvoir après trois jours de boiſſon.

Prenez deux onces de Manne, faites-les diſſoudre ſur le feu dans un Gobelet d'Eau minérale : coulez.

Autre un peu plus forte.

Prenez deux onces de Manne, trois gros de Sel de Seignette , faites - les fondre dans un boüillon à moitié cuit, & ſans ſel , ou dans un Gobelet d'Eau de veau ou de poulet.

Autre plus forte.

Prenez une petitte poignée de feüilles de chicorée fauvage, une bonne pincée de fleurs de pefchers, faites faire deux ou trois boüillons : dans un grand Gobelet de cette décoction, faites infufer trois onces de caf-fe, une once & demie ou deux onces de Manne ; coulez & ajoûtez un gros de Sel Poli-chrefte ou végétal , ou d'*Arca-num duplicatum.*

Autre encore plus forte.

Prenez deux gros de Follicu-les de Senné , un gros de bon-ne Rhubarbe en petits mor-

ceaux, trois gros Sel de Seignette, faites infuſer dans un
Gobelet de décoction de chicorée; ſur la fin faites fondre une
once & demie de Manne, coulez & ajoûtez une once de Sirop de fleurs de peſchers ou de
chicorée compoſé.

Si on veut purger un peu
plus fortement, au lieu de Follicules, on prend deux ou trois
gros de feüilles de Senné mon-
dé, qu'on fait infuſer avec les
drogues que nous venons d'indiquer.

Nous purgeons très-rare-
ment, en poudre, en bol ou
en opiatte; moins les purgatifs
ont de volume, plus on doit
s'en défier.

Le Régime.

Ce ſeroit icy le lieu de s'é-
lever contre la maniére de vivre d'un grand nombre de Buveurs, des Seigneurs ſurtout,
& des perſonnes opulentes. Ils
viennent à Vichy y faire auſſi
bonne chére, qu'ils ont coûtume de faire à Paris. Leurs ta-
bles ſont couvertes de mets de
différens goûts, de divers aſſai-
ſonnemens, ſouvent très-indi-
geſtes : on y ſert des vins de
liqueurs des compoſitions ſti-
mulantes & meurtriéres, ſans
penſer qu'ils ne ſont malades,
que pour avoir uſé d'alimens
trop préparés, de viandes trop
ſucculentes, qui ont engoué
les

les vàiſſeaux, de liqueurs in-
cendiaires, qui en flâtant le
goût, ont durci la fibre du
ſang, & racorni l'Eſtomach :
de là la difficulté de la digeſtion, la peſanteur & gonflement des viſcères du bas ventre;
de là enfin une circulation languiſſante ou irréguliére de tous
les liquides.

On vient à Vichy pour re-
medier aux deſordres de ſa ſanté; mais on y chérit toûjours
l'ennemi qui l'a dérangée ; on
le chaſſe d'une main , & on le
careſſe de l'autre.

Il arrive de là qu'on quitte
Vichy avec les mêmes infirmi-
tés qu'on y avoit apportées,
qu'on accuſe les Eaux d'être

I

peu éficaces; reproches qu'elles n'ont pas mérité, & qu'on ne doit imputer qu'au mauvais régime qu'on a gardé.

En effet parmi tant de mets de différens apprêts, n'en eſt-il pas grand nombre qui contiennent de quoi décompoſer nos Eaux, fermenter avec elles, & changer la nature de leur minéral, de quoi contrarier les oſcillations que les Eaux ont imprimées aux fibres nerveuſes, & changer la direction & le mouvement qu'elles avoient donné aux liquides?

Le régime doit donc concourir à l'éficacité des Eaux de Vichy, comme de tout autre remede : il ne doit fournir que des alimens de facile digeſtion, un chile doux ; homogêne, qui puiſſe ſe préparer ſans tumulte, & paſſer dans le ſang ſans orage.

Dans cette vûë on ne doit uſer que de viandes blanches, boüillies ou rôties, ou très-peu aſſaiſonnées.

Le Bœuf, le Veau, le Mouton, l'Agneau, le Chevrau, la volaille, le Poulet, les Perdraux, Laperaux, Pigeonnaux, les Dindonnaux ſont les alimens dont on doit uſer plus cõmunément.

Deux heures ou deux heures & demie après avoir bû les Eaux, on peut déjeûner avec une croûte de pain & un verre de vin trempé, ou prendre un

boüillon ; cette confolation
n'eft accordée qu'aux perfonnes foibles & languiffantes, ou
qui fe fentent quelque befoin
de prendre de la nourriture :
les autres feront bien d'attendre le dîner. On doit raifonner
de même fur le goûter.

On doit faire un bon repas
à midy , boire fobrement du
vin vieux, bien meur & mêlé
d'eau.

A la fin de ce repas, les perfonnes d'une conftitution mol-
le , phlegmatique, pituiteufe,
mélancholique , ou qui ont
l'eftomach foible par relâche-
ment, peuvent prendre un peu
de vin pur, de vin d'Efpagne,
ou du Caffé ; mais les tempé-

ramens vigoureux, chauds, fan-
guins, fecs & bilieux doivent
s'en abftenir.

Celles qui par une habitude
infurmontable ne peuvent fe
paffer de Caffé, doivent du
moins le prendre moins char-
gé, & une feule fois par jour.
Enfin on doit foûper légére-
ment fur les fept heures, & fe
coucher à neuf heures, pour
fe lever à cinq ou fix.

Ce qu'il faut éviter.

Il faut s'interdire tous les
alimens groffiers, indigeftes,
les viandes noires, ragoûts, pa-
tifferies, viandes falées, les lé-
gumes, la falade, les fruits
cruds, tous les alimens maigres,

& les poiffons. On mange
cependant innocemment des
œufs frais, des truites, des écre-
viffes, pourvû qu'elles foient
préparées fans vinaigre, avec
peu de fel & de poivre.

Il convient de renoncer à
toute occupation férieufe, à fes
affaires domeftiques, aux exer-
cices violens & fatiguans. Il
faut éviter l'ardeur du Soleil,
l'ombre trop fraîche, & les
lieux froids, qui pourroient retenir ou diminuer la tranfpiration.

Il ne faut point abfolument
dormir l'après-midy, furtout
fi on a bû une affez grande
quantité d'Eau. Pour ne point
fucomber au fommeil, on doit

fe promener, s'amufer en compagnie, ou à quelque jeu qui
ne demande pas une grande
contention d'efprit.

Comment remédier aux ac-cidens qui furviennent, en buvant les Eaux.

Ces accidens pour la majeure partie ne font d'aucune con-
féquence; mais comme quelques Malades pourroient en
être effrayés ou inquiets, nous
allons en peu de mots indiquer
les moïens d'y remedier.

1°. On fe plaint fouvent
que les Eaux font vaporeufes,
qu'elles portent à la tête, y oc-
cafionnent une fenfation dou-
loureufe, ou qu'elles échauf-

fent, caufent des pefanteurs,
des gonflemens au ventre.

Ces accidens n'arrivent que
parce qu'on boit trop précipi-
tamment & en trop grande
quantité, ou parce que les Eaux
n'ont pas un écoulement libre
par les felles, les urines ou la
tranfpiration, ou parce que le
fang n'a pas affez d'efpace
pour rouler paifiblement avec
les Eaux.

On peut donc y remedier
en mettant plus d'efpace entre
chaque Gobelet, en buvant
moins, en prenant un lavement émollient; ou feulement
d'Eau minérale, ou en aigui-
fant l'action des Eaux avec une
once de Manne, ou deux ou

trois gros de Sel de Seignette, qu'on fait diſſoudre dans les premieres ou dernieres verrées, ou enfin en recourant à la ſaignée ou à la purgation, qui entraînera les humeurs groſſieres qui s'oppoſoient au paſſage des Eaux.

2°. Les Eaux de Vichy occaſionnent quelquesfois des chaleurs, des cuiſſons à l'anus, ſouvent les hemorroïdes.

Peut-on ſe plaindre avec fondement d'un écoulement, qui eſt ſouvent critique ? toujours ſalutaire, qui n'eſt jamais bruſque, ni abondant ni long ; il ſe fait lentement, & dégage toûjours les vaiſſeaux d'un ſang, ou ſuperflu ou trop groſſier.

Les cuiſſons & les chaleurs à
l'anus, font l'effet des évacuations fréquentes de matiéres
âcres & mordicantes, qui en
fortant corrodent les fibres du
Sphincter du fondement.

On y remedie facilement,
en recevant un lavement d'hui-
le, ou en appliquant fur la partie un linge trempé dans l'Eau
minérale chaude, ou par quelque fomentation émolliente &
anodine.

3°. Quelques perſonnes l'a-
près dîner ont une envie déme-
furée de dormir, qu'elles ne
peuvent vaincre.

Cet accident eſt auſſi fouvent l'effet des nourritures ,
que des Eaux ; puiſqu'après le

repas , fans avoir bû les Eaux ,
on fe fent la même propenfion
au fommeil : Il faut cependant
fe garder d'y fuccomber dans
l'ufage des Eaux ; il faut fe promener , s'égayer , jouër , ou
déterminer par les felles les Eaux
qui ne fe feroient point écoulées. Un lavement fimple fuf-
fit.

4°. Les Eaux font un des
diuretiques des plus doux ;
mais quelquesfois elles caufent
une ardeur d'urine, des urines
brûlantes, qui excorient l'ure-
thre en paffant.

Cet inconvenient ne dure
pas, & n'a pas de quoi allarmer : ce font des matiéres glai-
reufes & fabloneufes, qui ra-

clent le paſſage. Leur ſortie ne peut être qu'avantageuſe , & pour en adoucir l'impreſſion , quelques injections d'une décoction de racine de Guimauve & de graine de lin, ont bientôt rapellé la tranquillité.

5°. Quelques Buveurs ont de la peine à boire, ils ont le cœur affadi.

Cet inconvénient n'a pas de durée; on peut s'exciter à boire en mâchant de la coriandre, de l'anis couvert, de la fleur, ou de l'écorce d'orange, ou d'une croûte de pain.

C'eſt dans cette vûë , mais ſans en ſçavoir le motif, que la plûpart des Buveurs ont une croûte de pain, qu'ils mâchent

ſans

sans cesse, & s'en frottent les dents : c'est pour empêcher, disent-ils, qu'elles ne se noircissent & ne s'agacent ; comme si nos Eaux étoient susceptibles de quelque acidité : Elles en sont l'ennemi irréconciliable, & le Sel qu'elles fournissent est fait pour briser & ronger le tartre, qui couvre souvent l'émail des dents.

6°. Les Eaux dans certains sujets causent des démangeaisons, des boutons, des rougeurs érésypelateuses à la peau.

Ce phénomêne est rare, & dénote que nos Eaux sont diaphoretiques ; c'est-à-dire, qu'elles poussent à la transpiration ; mais que trouvant les pores peu

K

ouverts ou bouchés, l'humeur tranfpirable doit s'y amaffer, occafionner des boutons, des rougeurs & des démangeaifons importunes.

On en guérit fans remede, lorfque les Eaux ont enfin débouché le tamis de la peau, ou tout au plus en prenant un ou deux Bains d'Eau commune, ou d'Eau minérale, d'une chaleur modérée.

7°. Quelques-uns font fujets à des naufées, à des vomiffemens.

Si cet accident dépend de la délicateffe de l'Eftomach, on doit boire en moindre quantité, & moins précipitament.

S'il dépend de quelques humeurs groſſiéres & viſqueuſes, qui ſéjournent dans l'eſtomach, un doux vomitif en eſt le remede. Les Eaux ſeules procurent quelquesfois un vomiſſement de matiéres jaunes, vertes, noires ou blanchâtres, qui dégagent ce viſcère, & mettent fin à ſes anxiétés: ainſi cet accident dépend plûtôt de la diſpoſition du malade, que du mauvais effet des Eaux.

8°. J'ay vû trois ou quatre perſonnes, qui dès les premiers jours de cette Boiſſon, ont eſſuyé un cours de ventre.

Il a été ſans douleur, & n'a pas plus affoibli qu'une medecine ordinaire. Il ceſſe de lui-même en buvant une moindre quantité, ou en interrompant la Boisson : D'ailleurs il est avantageux, en ce qu'il entraîne quantité de matiéres corrompuës, qui croupissoient dans les intestins.

Si néanmoins il passoit les bornes, une prise de Thériaque, ou de *Diascordium*, un peu de vin d'Alicante, quelques legers astringents, ou la sueur qu'on tenteroit de procurer, en viendroient à bout.

9°. Un inconvénient contraire au précédent, & qui inquiéte le plus les malades, c'est que souvent ils sont constipés : ils ont beau boire, ils ne rendent les Eaux ni par les selles, ni par les urines; ils se persuadent qu'elles restent toutes dans le corps.

On a souvent bien de la peine à calmer l'inquiétude de ces malades : cependant je puis assurer avec vérité, que j'ay vû guérir sans évacuation sensible; les Eaux alors passent toutes par la transpiration : Cette évacuation, quoiqu'insensible, de l'aveu de tous les Medecins, est plus considérable que toutes celles qui sont sensibles; Sanctorius l'a démontré invinciblement.

Une preuve, qu'elle suffit seule à débarasser le corps de toutes les Eaux qu'on a bû, c'est qu'on se sent aussi leger, que si on avoit pas bû; on

K 3

n'a ni gonflement ni pefanteur d'Eftomach, ni vappeurs.

J'ay connu un Monfieur, qui en buvoit jufqu'à quarante Gobelets de demi - feptier chacun, qui n'en étoit nullement purgé, & qui fe portoit bien d'ailleurs.

Un autre motif de confolation pour ceux qui font conftipés, malgré la boiffon des Eaux de Vichy, c'eft qu'en fortant moins rapidement du corps, elles s'infinuent avec tous leurs principes plus profondément dans tous le vifcères, pénétrent mieux dans tous les réduits des vaiffeaux, en délayent davantage les humeurs, excitent des ofcillations plus

fortes & plus durables, procurent des urines plus digérées,
plus colorées & plus chargées,
& agiſſent plus éficacement ſur
toute notre machine : au lieu
que le minéral, qui ne fait
qu'entrer & ſortir par les ſelles,
ſoulage ſeulement l'Eſtomach
& les inteſtins, mais très-peu
les viſcères.

Il ne faut donc pas ſe dé-
courager, ſi en buvant les Eaux
de Vichy, on n'eſt pas toûjours
purgé. On n'a pas toûjours
des matiéres groſſiéres à évacüer ; elles ſont quelquefois ſi
tenaces, ſi adhérantes, qu'elles
ne peuvent être entrainées qu'a-
près un long tems : Il faut du
tems pour les fondre & les ren-

dre fluides. J'ay vû des Buveurs, qui n'ont commencé à être évacués, qu'après vingt jours de Boiſſon.

Cependant pour répondre à l'empreſſement qu'ont ordinairement les malades d'être purgés, je dirai qu'il ſuffit ſouvent de boire un peu plus abondamment, de rapprocher les verrées de plus près, de recourir à une ſource plus active, telle que le gros ou le petit Boulet ; de prendre quelque lavement ; d'animer les Eaux par l'addition de quelques gros de Sel de Seignette, végétal, Polichreſte, *Arcanum duplicatum*, Sel d'Epſom, ou par l'uſage de quelques Bains tempérés, qui raſſou-

pliront les fibres, & les rendront plus obéiſſantes à l'action des Eaux.

CHAPITRE III.

Que faut - il faire, après qu'on a bû les Eaux de Vichy.

1°. **P**Our accoûtumer inſen-
ſiblement l'Eſtomach à
ſe paſſer de ce remede, on ne
ceſſe pas bruſquement de boire ; on diminue de jour en
jour le nombre des Gobelets,
& on ſe purge à la fin avec
les mêmes remedes que nous
avons indiqués.

2°. On ſe repoſe un jour ou

deux avant de partir, & on ob-
ferve chez foi pendant quelque tems, le même régime
qu'on a dû obferver à Vichy.

Les Eaux par le branle qu'elles ont donné aux liquides, &
par les ofcillations qu'elles ont
imprimé aux folides, agiffent
long-tems, après qu'on a ceffé
de les boire : En un mot la
guérifon ne fe confirme pas
toûjours à Vichy : il eft donc
effentiel d'éviter les alimens indigeftes, ou qui feroient contraires à l'effet des Eaux. Il faut
s'abftenir de toutes les chofes
que nous avons indiquées dans
un des Articles du Chapitre
précédent, & faire gras pendant trois femaines, ou un

mois, après avoir bû.

3°. Il est encore nécessaire de se purger quinze jours ou trois semaines après qu'on est arrivé chez soi, pour emporter les humeurs qui auront été fonduës depuis, & les empêcher de repasser dans le sang. Quelques personnes, pour n'avoir pas suivi ce conseil, ont été attaquées de fiévres, souvent considérables.

CHAPITRE IV.

EXEMPLES DE GUE'RISONS *opérées par les Eaux de Vichy.*

POUR constater l'effet des Eaux de Vichy, sur les

différentes maladies dont nous avons fait le dénombrement, il conviendroit de rapporter icy quantité de cures merveilleuses qui s'y font faites; mais les Auteurs qui ont traitté de la nature & des propriétés de ces Eaux, ayant satisfait pleinement à cet objet, nous-nous contenterons d'en rapporter quelques-unes des plus confidérables, arrivées depuis peu, & fous nos yeux. Nous prendrons même la liberté de citer les perfonnes, qui étant encore vivantes, pourront attefter la vérité de ce que nous avançons.

Monfeigneur le Comte de Noailles, que fes qualités perfonnelles rendent encore plus

aimable

aimable & plus respectable,
que son rang & ses dignités,
étoit depuis long-tems travaillé
d'une colique hépatique, occa-
sionnée par des pierres dans la
vesficule du fiel, la partie la
plus limoneuse de la bile, par
son séjour & par la chaleur du
lieu produit souvent de pareilles concrétions. Leur grosseur
est quelquesfois telle, qu'elles
bouchent totalement le col du
refervoir de la bile, ou s'em-
barrasse tellement dans le pore
biliaire, ou dans le canal coli-
doque, qu'elles ne peuvent pas-
fer dans l'intestin, & le malade fuccombe dans les douleurs.

Ce Seigneur avoit déja es-
fuié trois accès de cette colique,

L

& avoit rendu trois de ces pierres après un travail, des douleurs, & des vomiſſemens de
huit jours à chaque accès.
Monſieur de Sénac, premier
Medecin du Roy, Medecin
conſommé, & pour qui la nature n'a rien de caché, l'envoye
aux Eaux de Vichy. Après
huit jours de boiſſon, il fut attaqué de cette colique, avec
des accidens qui nous firent
apréhender pour ſa vie ; ils
ne durerent heureuſement que
trente-ſix heures, & la pierre
fut renduë. Après huit autres
jours de Boiſſon, nouvelle attaque ; mais qui ne fut point
accompagnée des mêmes accidens, & ne dura que ſix heures.

Depuis ce tems, ce Seigneur a été à l'abri de toute insulte du foïe, a bû très-longtems nos Eaux, qui ont empêché la formation de pareilles concrétions pierreuſes, & il ſe porte au mieux.

Monſieur de Montgaland, Gentilhomme des environs de Lyon, homme d'eſprit & de mérite, ne peut aſſez préconiſer les Eaux de Vichy; il publie hautement qu'il leur doit deux fois la vie, pour l'avoir délivré d'une colique néphretique & calculeuſe: En reconnoiſſance il eſt réſolu de venir tous les deux ans rendre hommage à nos Fontaines.

Mademoiſelle Pitt, Angloiſe

de nation, & de la meilleure
condition; Fille qui joint à un
mérite très-rare, tout l'esprit &
toute la politesse possible: obli-
gée de passer en France, pour
rétablir une santé, la plus dé-
labrée que j'aye vûë , après
avoir tenté inutilement tous
les remedes qui lui ont été
prescrits par les Medecins de
la plus haute volée pendant
deux ans; après avoir fait usage de plusieurs Eaux minérales: à la fin, à la sollicitation
de ses amis, elle se fit transporter de Pougues à Vichy;
mais Grand Dieu , dans quel
état! Ç'étoit un véritable sque-
lette, couvert de sa peau. Son
corps étoit dans un déperisse-

ment total, les yeux étoient
éteints, & les jambes lui refu-
foient le fervice : à peine foû-
.tenóit - elle une converfation
de quelques minuttes, fans fe
fentir un anéantiffement extrê-
me. La fource du mal étoit
une douleur fourde, quelques
fois vive dans la région du
foïe ; l'Eftomach étoit tellement rétreci, tellement racorni & fi fufceptible , que la
moitié d'une aîle de poulet, le
jettoit dans des convulfions affreufes, dans des vomiffemens
qui par leur durée, la met-
toient à deux doigts de fa perte; & dans cet état la nourriture la plus légére, l'eau de
poulet même ne paffoit pas.

Après quelques jours de boiſſon des Eaux de Vichy, cette Demoiſelle avoüa qu'elles étoient faites exprès pour elle : Elle n'en buvoit jamais, que ſon Eſtomach n'en fût ſoulagé ſur le champ. Il reçût la nourriture, la garda ; le ventre s'ouvrit, & à la ſeconde Saiſon, elle étoit en état de fournir à pied à une promenade aſſez longue, & à une converſation de quatre heures : Finalement elle reprit tout l'embonpoint dont elle eſt ſuſceptible, & alla paſſer quelques jours chez Monſieur l'Abbé de Sades, où elle eut une indigeſtion, pour avoir mangé des caïlles graſſes; mais elle n'eut pas de ſuite.

Une Fille d'Aigueperse, âgée de dix-huit ans, avoit un tremblement universel de tout le corps; elle n'avoit d'autre partie que la langue, qui ne fût pas dans un mouvement involontaire : Après l'usage des Eaux de Vichy, en Boisson, en Bains & en Douches, elle a marché d'un pas aussi assuré, que qui que ce soit, & a été délivrée de ses accidens.

Une Sage-Femme de Cusset, après une attaque d'apoplexie, fut saisie d'une hémiplegie; à peine articuloit-elle quelques mots; elle traînoit une jambe, & n'avoit aucun usage d'un bras : Elle vient de trouver sa guérison à Vichy.

Un jeune Maçon, par un Rhumatifme, avoit un tel retirement des nerfs & des mufcles d'une jambe, que le gras étoit collé fur la cuiffe, & le talon touchoit la feffe. Il a laiffé fes bequilles à Vichy.

Je pourrois ajoûter icy un Officier Irlandois, qui depuis deux ans avoit une ictéricie, avec des coliques affreufes, dont il s'eft délivré. Un autre Ictérique, tellement defefperé, que lorfqu'après deux mois de Boiffon il écrivit fa guérifon, ni fa femme, ni fon Medecin ne vouloient la croire; mais ces exemples font trop communs.

On m'objectera que je fais

trophée de quelques cures brillantes; mais que je paſſe ſous ſilence tous les mauvais effets des Eaux de Vichy , & les morts qui y ſont arrivées.

Je puis aſſurer avec la vérité la plus exacte, que de plus de quinze cens malades, de toute eſpèce , qui les trois années précédentes ont bû les Eaux de Vichy, il n'eſt mort que trois perſonnes , dont d'eux n'ont pas goûté de nos Eaux.

Le premier eſt un Capitaine de Vaiſſeaux du Port de Rochefort; il avoit un abſcès dans la ſubſtance du cerveau, avec fiévre & perte de la majeure partie de ſes ſens. M^r. Dupuis, ſon Medecin , contre l'avis

duquel on lui fit entreprendre le voyage de Vichy, est
un témoin irréprochable de
ce que j'avance; je ne voulus
pas lui permettre de boire nos
Eaux, & il mourut quelques
tems après.

Le second est un Avocat de
Charlieu, qui le lendemain de
son arrivée à Vichy, fut saisi
d'une fluxion de poitrine, &
d'une inflâmation au foïe, qui
l'emporterent en peu de jours.

Le troisiéme est un Docteur
de Sorbonne, qui après avoir
pris quantité d'Eau minérale,
alla à pied de Vichy à Cusset,
dans les plus grandes chaleurs
de l'Esté, & fut en revenant
attaqué d'une fiévre maligne,

qui le fit succomber à la troisiéme rechûte, pour avoir trop
mangé, malgré une convalef-
cence de trois femaïnes. Je
ne dis rien, qui ne foit au vû
& au fçû de tout le monde ;
je ne crains point le démenti.

Après tout, quand même
ils feroient tous trois morts,
pour avoir bû les Eaux de
Vichy, conclura - t'on de là
qu'elles font meurtriéres ? Ne
meurt-il jamais de malades dans
l'ufage, ou malgré l'ufage de l'É-
metique, de l'Hipécacüaneha,
du Quinquina, du Mercure,
& de tous les autres fpécifiques
qu'on a trouvés ? Quelle con-
féquence en tirer, finon que
la Medecine ne connoît point,

& ne trouvera jamais un remede univerfel , qui puiffe nous
garantir de la mort, & de fubir
l'arreft qui a été prononcé contre nous ? *Statum eft omnibus ho-*
minibus femel mori.

CHAPITRE V.

De quelques Queftions fur les Eaux de Vichy.

QUOIQUE les Queftions
que nous allons propo-
fer , paroiffent étrangeres au
but que nous - nous étions
propofé au commencement de
cet Ouvrage, elles ont cependant tant de connexion avec
les Eaux de Vichy, que nous
ne

ne pouvons nous difpenfer de les éclaircir en peu de mots.

QUESTION I.

Peut-on boire les Eaux de Vichy au repas, mélées avec le vin?

Quelques malades, pour hâter leur guérifon, ont tenté ce mélange, & n'en ont fouffert aucun dommage. Mon Prédéceffeur, homme de beaucoup d'efprit, habile Medecin, & qui connoiffoit parfaitement la nature & les proprietés des Eaux de Vichy, ne faifoit aucune difficulté de couper fon vin avec une partie d'Eau minérale du rocher des Celeftins. Une Dame de Bourgogne, felon le confeil de ce Medecin,

M

en a ufé de même très-long-tems.

Le vin en devient plus piquant, & a plus de montant; mais il fe trouble & reffemble fort à du vin tourné & pouffé : ce qui nous donne à penfer que l'acide du vin fe dévelope, entre en quelque fermentation avec le Sel de nos Eaux , en change un peu la nature, d'où il doit réfulter une efpèce de Sel neutre , qui n'a rien qui puiffe déranger la digeftion ou l'œconomie animale.

QUESTION II.

Peut-on les méler avec le Lait?

C'eft une expérience faite depuis long-tems, & fouvent

réïterée, que fi on mêle du Sel des Eaux de Vichy avec le Lait, il conferve fa fluidité, & ne fe coagule pas : Sans doute qu'il tient les parties caféeufes & butireufes affez étenduës, pour qu'elles ne puiffent point fe raprocher & devenir plus pefantes par leur contact & leur union.

L'acide, s'il en eft dans le Lait, eft toûjours envelopé dans les parties graffes, ou amorti par le Sel alkali de nos Eaux; de forte qu'il ne peut manifefter fa préfence ni fes effets : ainfi puifque les Eaux de Vichy empêchent la coagulation du Lait, puifqu'elles fourniffent un Sel propre à en favori-

fer la digeftion & la diftribu-
tion, on peut les marier utilement enfemble.

Nous en ufons fouvent ainfi pour les perfonnes vives, &
d'un tempérament fec, qui ont
les nerfs fufceptibles d'ébranle-
ment, ou qui ont la poitrine
fenfible & délicate.

Une Marquife du Bas Mai-
ne, graffe & replette, qui dans
un tiraillement convulfif de
l'Eftomach n'avoit trouvé de
foulagement que dans le Lait,
vint à Vichy, avec défenfe ex-
preffe de la part de fon Medecin, de prendre du Lait pendant l'ufage des Eaux. Les raifons que je lui apportai pour
en agir autrement, la décide-

rent à en faire l'épreuve ; elle la fit avec avantage.

Je dis quelque chofe de plus, c'eft que la meilleure maniére de fe préparer à l'ufage du Lait, eft la Boiffon des Eaux de Vichy.

Elles lavent l'Eftomach, donnent de la fluidité au fuc digeftif, débouchent les veines lactées & tous les vaiffeaux du Mezentère, & emportent toutes les ordures qui auroient pû faire obftacle au fuccès de ce remede alimenteux.

Je dirai en paffant, que le fel de nos Eaux fait le même effet fur le fang, que fur le lait. A mefure qu'on tire du fang à un malade, jettez dans la

M 3

palette de ce Sel en poudre, le
fang confervera fa couleur ver-
meille & fa fluidité.

Le Medecin de Monfeigneur
le Comte de Noailles, après
avoir lavé exactement la coëne
d'un fang pleuritique, la fit
macérer dans un verre d'Eau
de la grande Grille; du foir au
lendemain elle fut totalement
diffoute, & il n'en refta aucun
veftige.

Nous concluons de ce phé-
nomêne, que les Eaux de Vichy font avantageufes dans les
concrétions polipeufes.

QUESTION III.

Peut-on allier le Sel des Eaux de Vichy avec le Quinquina, les Amers, les Opiates fondantes, & apéritives.

On marie avec fuccès le Quinquina avec le fel d'Abfinthe, de petite Centaurée, de Chardon benit, le Sel Ammoniac, &c. Le Sel des Eaux de Vichy leur eft analogue ; il eft amer, fondant, apéritif, fébrifuge ; rien ne doit donc empêcher qu'on ne les mêle avec les remedes que nous venons de nommer.

Dans les fiévres tierces & quartes, qui n'ont pas cédé aux remedes généraux, & qui font souvent entretenuës par quelques obftru–ctions des vifcères, du Mezentère furtout, nous confeillons aux malades de dé–layer leur Quinquina dans le premier Gobelet d'Eau de Vi–chy, & de boire enfuite la quantité qui leur convient pour la matinée ; on prend enfuite les autres prifes de Quinquina aux heures ordinaires, & la fiévre ne réfifte pas long-tems. Il n'eft pas même rare que ces Eaux guériffent ces fortes de fiévres, fans le fecours du Quin–quina ; on en dévine facile–ment la raifon.

QUESTION IV.

Peut-on le matin, en guife de Thé,
boire un Gobelet ou deux
d'Eaux de Vichy?

On prend du Thé pour laver
l'Eftomach & les conduits urinaires : Un Gobelet d'Eau de
Vichy ne lui cédéra en rien ;
elle a même l'avantage d'être
faite pour l'Eftomach, & d'emporter les reftes de la digeftion.
Un ou deux Gobelets n'obli-
gent pas non plus à un régime
plus exaçt que le Thé.

QUESTION V.

Peut-on en boire l'après-dîner ?

Je ne confeillerois pas de boire l'après-dîner, fur tout en

quantité : Elle pourroit caufer quelques douleurs, ou du travail à l'Eftomach, plein d'alimens, précipiter la digeftion ou entrainer le chile qui en eft le produit.

Cependant cinq heures après le repas, lorfqu'on eft afluré que le chile a pafté dans le fang, je penfe qu'on ne rifqueroit rien de boire ces Eaux ; on en ufe fouvent ainfi dans les violentes coliques.

QUESTION VI.

Lorfqu'on les a bû une fois, eft-on obligé de les boire tous les ans ?

Plufieurs perfonnes s'éloignent de ce remede , parce que, difent-elles, elles ne veu-

lent pas s'aſſujettir d'y revenir
ſouvent.

Ces perſonnes ſans contredit
ſont dans l'erreur. Il en eſt des
Eaux de Vichy, comme de l'É-
metique, du Quinquina, &
des autres remedes : On eſt
pas obligé pour en avoir uſé
une fois, d'y recourir l'année
ſuivante, ſi le beſoin n'y eſt
pas : On ý renonce, lorſqu'on
eſt guéri. Agiſſez-en de même
pour les Eaux de Vichy.

QUESTION VII.

*Peut-on les boire impunément, ſans
être malade, étant même en
bonne ſanté.*

On a ſouvent recours à des
remedes de précautions, ſur-

tout dans le changement de Saifons : on fe fait faigner, on fe purge, on prend des boüillons raffraichiffans.

On peut de même recourir aux Eaux de Vichy, elles entretiennent la fanté, éloignent la maladie, raffraichiffent le fang, le purifient par les fecretions qu'elles animent, & confervent tout le volume des liquides dans leur fluidité convenable, & les folides dans leur foupleffe & leurs refforts naturels. Quel inconvénient y auroit-il donc de les boire, même en fanté ?

QUESTION VIII.

Se confervent - elles long - tems tranfportées ?

Si on ne les tranfporte pas

dans

dans des vaisseaux poreux, ou qui ayent tenu quelque liqueur capable de les décomposer; si on les tient dans un endroit frais, à l'abri des gêlées & de la chaleur, & dans des bouteilles de verre, exactement bouchées, elles se conserveront des années entiéres; on en a l'expérience. Elles ont encore fermenté avec les acides, verdi le sirop violat, & donné une couleur trouble orangée à la dissolution du sublimé corrosif. Ces expériences ne dénotent pas que leur Alkali soit énervé, & sans force; elles peuvent donc long-tems conserver leur vertu, éloignées de leur Source.

N

Au refte il eft facile d'en avoir de nouvelles, lorfqu'on fouhaite, en les envoyant chercher à Vichy, où on délivre un Certificat qui conftate la Source où on les a puifées, & la fidélité du Commiffionnaire.

Mais fi on eft trop éloigné pour envoyer à Vichy un Exprès, qui coûteroit beaucoup, on peut s'adreffer par la Pofte au Medecin, Intendant de ces Eaux : il eft exact à envoyer la quantité, & de la fource qu'on lui demande, par le Caroffe, par la Riviére, ou par d'autres commodités.

Celles qu'on envoye au Bureau de Paris, où on en confomme beaucoup, n'y peuvent pas vieillir : on les renouvelle tous les mois ; ainſi le Public ne doit point avoir de ré-pugnance d'en faire uſage : on prend toutes les précautions poſſibles, pour qu'elles ne s'é-vantent pas, & arrivent en bon état. Les perſonnes qui y ſont prépoſées à la vente & diſtribution de ces Eaux, ſont d'une probité reconnuë.

Ceux qui s'adreſſeront au Medecin, pour avoir de ces Eaux, ou des éclairciſſemens ſur leur nature & leurs pro-prietés, ſont priés d'affranchir les Lettres, dont le port lui coûte beaucoup.

QUESTION IX.

Quelle eft l'ancienneté des Eaux de Vichy?

De tems immémorial on les a fréquentées, ou du moins ne peut-on pas affigner au jufte l'époque de leur découverte.

Elles font plus anciennes que Vichy, dont il eft parlé dans l'Hiftoire depuis plufieurs fiécles; & c'eft de ces Eaux, qu'il a pris fon nom : car de *Vicus calidus*, qui veut dire Bourg chaud, on a dit par corruption Vichy, comme le nom de chaudes Aigues en Auvergne, vient d'*Aquæ calidæ* ; Aygueperfe, d'*Aquæ fparfæ* ; Aix en

Provence , d'*Aquæ Sextiæ*, à cauſe de Sextus , Général des Romains, qui vainquît les Saliens, bâtît une Ville , qu'il nomma de ſon nom , & de celui des Eaux , *Aquæ Sextiæ*. La Ville d'Aix en Allemagne , a reçû de même le nom d'*Aquis Granum* , à cauſe des Eaux minérales qu'on y trouve.

Mais quand même l'époque des Eaux de Vichy ne ſeroit pas bien ancienne , la multitude de Guériſons qu'elles ont opérées, le grand nombre de perſonnes, de tout état, de toute condition , de tout ſêxe , de tout âge, qui les fréquentent depuis très long-tems ſont un fidèle garant de leur

N 3

bonté & de leur éficacité dans
la plûpart des maux. Un remede, dont la réputation eſt
établie, & ſe ſoûtient depuis
pluſieurs ſiécles, ne peut point
être équivoque, & on peut s'y
livrer en aſſurance.

FIN.

APPROBATION

De M^r. FOUCHIER , *Doyen du Collège de Medecine de Moulins, & de M^r. DIANNYERE, Aggregé audit Collège , Conseiller Medecin ordinaire du Roy, Intendant des Eaux minérales de Bardon & Foullet.*

NOus, Docteurs en Medecine, avons examinés un Manuscrit , qui a pour Titre : *Dissertation sur le Transport des Eaux de Vichy, avec la maniére de se conduire avec succès dans leur usage ;* cet Ouvrage conforme aux principes de Medecine, est clair, bien prouvé , à la portée de presque tous ceux qui peuvent avoir besoin de ces Eaux, par conséquent très-utile au Public, & très-digne de l'Impression, ce que nous certifions à Monsieur le Lieutenant Général de Police. A Moulins ce quinze Avril mil sept cens cinquante-cinq.

Signé, FOUCHIER, & DIANNYERE.

VÛ l'Approbation cy-dessus : Permis d'imprimer. A Moulins le dix-huit Avril mil sept cens cinquante-cinq. *Signé*, GOLLIAUD, Lieutenant Général de Police.

www.ingramcontent.com/pod-product-compliance
Lightning Source LLC
Chambersburg PA
CBHW072310210326
41519CB00057B/3864